餐桌上的科普

魔幻香辛料

【韩】徐宝贤 / 文　　【韩】申由美 / 图
李小晨 / 译

中国农业出版社

恩，好香啊。
酸酸辣辣的。
到底是哪里发出的味道呢？

这便是香辛料的味道！

香辛料能够使味道变得很丰富。
食物中加入香辛料，味道会大不一样。

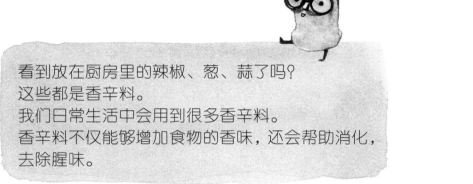

看到放在厨房里的辣椒、葱、蒜了吗？
这些都是香辛料。
我们日常生活中会用到很多香辛料。
香辛料不仅能够增加食物的香味，还会帮助消化，
去除腥味。

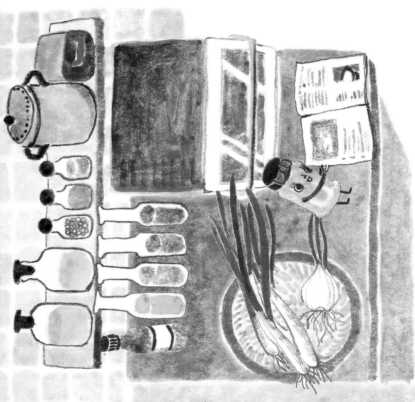

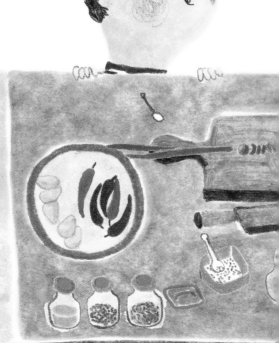

多种多样的香辛料

香辛料一般取自植物的果实、种子、根部、茎部、表皮、花蕊、花蕾等。
一起来了解一下不同香辛料的不同作用吧。

胡椒
胡椒是生长在热带的藤本
植物果实。强烈的味道能
够除去食物中的异味。

桂皮
桂树的表皮。
香气宜人，有温补功效。

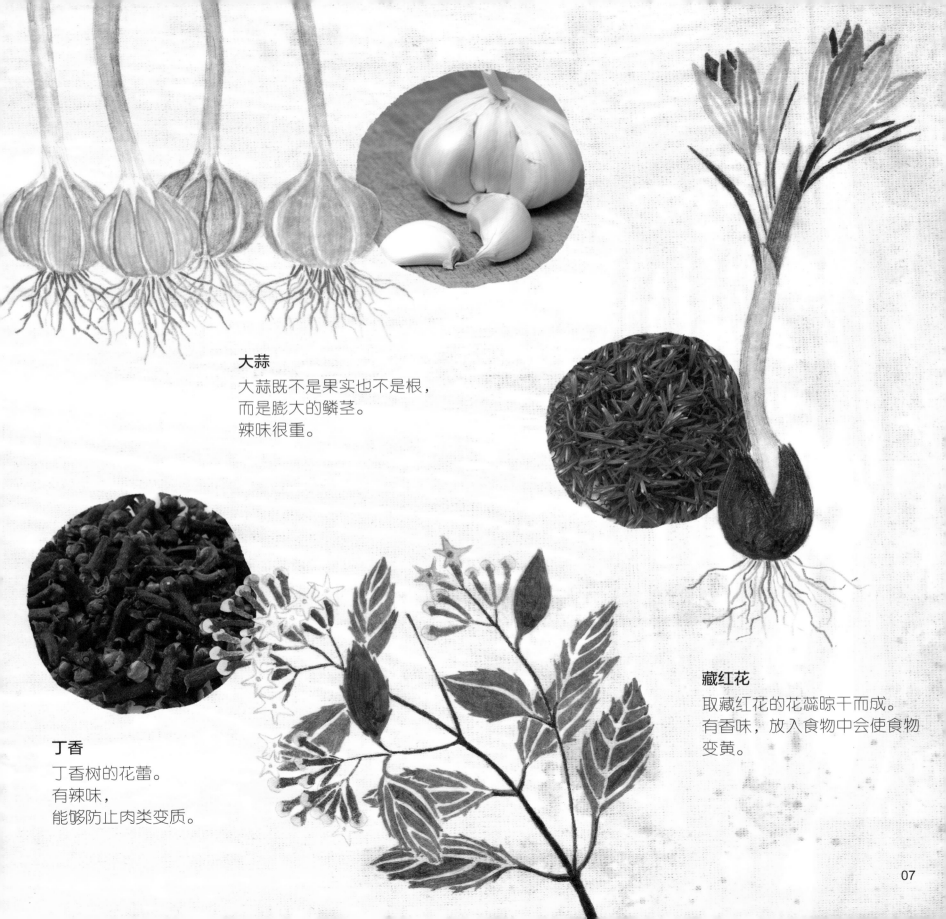

大蒜

大蒜既不是果实也不是根，
而是膨大的鳞茎。
辣味很重。

丁香

丁香树的花蕾。
有辣味，
能够防止肉类变质。

藏红花

取藏红花的花蕊晾干而成。
有香味，放入食物中会使食物
变黄。

稀有的香辛料

过去食物的储藏方法和料理方式并不多，
所以都要依靠香辛料。
并且稀有的香辛料一般都会献给神或国王享用。

神明啊，这是加入了藏红花和桂皮所酿制的珍贵的葡萄酒。

将加入了香辛料的食物献给神。
据说东方博士在朝见圣婴耶稣时所献的
礼物就包括了黄金、硫黄和香辛料。

将香辛料作为
礼物献给您。

古时，在献给国王的礼物中，
以宝石和香辛料最受追捧。
有的香辛料甚至比黄金还要昂贵。

一把胡椒的价钱是
我们工资的4倍。

图中记录了商人往返于丝绸之路运送香辛料的画面。

人们为什么要如此千辛万苦寻找香辛料呢？

过去只有盐这一味调料，
所以食物一般不是很有味道。
但加入了胡椒或是丁香就大不一样了。
所以人们都想尽一切办法来寻找香辛料。

过去没有冰箱，食物腐坏得很快。
但是加入了香辛料以后就不会变质得那么快了。

浑身散发着香辛料味道的人，
在当时一定是富有且地位高的人。
因为香辛料与衣着、房产一样
也是身份的象征，
所以富人们对其趋之若鹜。

在我国使用最多的香辛料——大蒜和辣椒

大蒜的历史由来已久，早在檀君神话*中就有出现。

与其他香辛料不同，大蒜在气温不是很高的韩国也能够很好地生长。

大蒜虽然辣但很香。
生吃越嚼越辣，
熟吃越嚼越甜。

大蒜
辣椒

大蒜是我们日常生活中
不可或缺的一味调料。

14　　注：*檀君神话是朝鲜族最古老的族源图腾神话。

檀君神话中记载，
熊吃了大蒜后变为人。
大蒜香气浓郁，
所以人们认为其有驱除鬼神的作用。
有的人甚至将其挂在门前辟邪。

大蒜能够杀死细菌，
同时预防癌症。
且大蒜性热，
对体寒的人很好。

过去如果家中生了男孩，
便会在大门上挂上辣椒和艾蒿。

绿辣椒主要用来生吃，或者
用酱油、醋等拌着吃。而红
辣椒则主要磨成粉，或者做
成辣椒酱放入食物中调味。

辣椒早在400年前便已经传入韩国。

最初辣酱并不被作为调味料使用，而是用来给酒提味。

但从那之后辣椒受到了越来越多人的喜欢，

从而被广泛加入各种食物中调味。

辣椒现在也是我们日常生活中不可或缺的一味调料。

辣椒有一种香辣的味道。
有像黄瓜一样不辣的辣椒，
也有让人辣得直流眼泪的辣椒，
可谓品种繁多。

辣椒性热，体寒、消化不良的
人可多多食用。
因为辣椒的辣味有助于消化。
据说吃辣椒还可以达到明目的功效。

有益身体的辣椒

香辛料家族的其他成员

除了大蒜和辣椒，我们再来认识一下其他的香辛料吧！
看一看从热带盛产的胡椒和桂皮吧！

去腥胡椒最厉害了！

阿嚏！洒了胡椒后鼻子好痒！

胡椒能够增进食欲，
帮助消化，
被称为香辛料之王。

生姜桂皮茶中又辣又甜的味道便来自于桂皮。

桂皮与苹果、红薯、蜂蜜也很搭。

桂皮有助于胃肠蠕动以及排气。
手脚冰凉的人可以多吃。

19

制作咖喱所用的姜黄和
中国菜中常用的八角也是香辛料。

姜黄常用于印度料理中，
煮的时间过久会产生苦味，
所以要在最后放入。
虽然有一点苦但还是以香辣的味道为主。

这就是咖喱中的
姜黄吧？

很早以前姜黄被人们作为颜料使用。
能够使衣服染上黄色，还有人用姜黄
给米染色，作为结婚时的供米。

有尖尖的8个角，
像星星一样。

将八角放入肉类或鱼类食物中
可以去腥，并散发出独特的香味。
但八角味道很重，所以一定不要放太多。

我要把它放
在炖肉中。

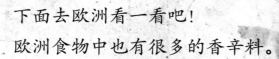

下面去欧洲看一看吧！
欧洲食物中也有很多的香辛料。

加入了藏红花的
黄灿灿的西班牙海鲜饭。

藏红花
藏红花是香辛料中的女王。
从古至今价格都十分昂贵。

加入了藏红花的
法国料理马赛鱼汤。

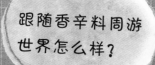

跟随香辛料周游世界怎么样？

芥末

过去胡椒很贵，
所以在西方只有贵族才能吃到胡椒，
庶民只能用芥末来替代。

芥末酱可以去除鸭肉等生肉的腥味。

将芥末磨碎后加入糖和醋后就制成芥末酱。

美洲大陆上的香辛料也很多。
香草冰激凌中加入的香草
便来自美洲大陆。

细长的香草
绿色的时候摘下来，
发酵后变为褐色，
香气四溢。

这香甜的味道
便来自香草。

香辛料既能单独使用，也可以混合使用。

混合香辛料有哪些呢？

印度咖喱

Garam Masala 是印度最常使用的一种混合香辛料，也是印度咖喱的主要材料。不同地区的Garam Masala配比不同，大致都加入了姜黄、肉豆蔻、桂皮、胡椒和丁香等。

中国五香肉

茴香、花椒、桂皮、八角、丁香这五种香辛料被称为五香。同时具有苦味、甜味、咸味，在中国菜中十分常用。

香叶与香辛料类似。

主要是指一些绿叶的草本植物。

虽然与香辛料相似，但更多使用的是植物的叶子和花。

例如香菜的叶子称为香叶，而籽则被称为香辛料。

香叶同样具有去腥的功效。

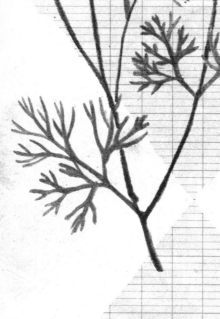

香菜
世界上使用范围最为广泛的香叶。
与其他材料一起被加入
各种各样的菜品当中，味道十分独特。

薄荷
薄荷味道清爽，
同时具有药用功效。

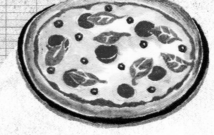

罗勒
罗勒有一股涩涩的甜酸味。
主要用于意大利料理中，
常与番茄搭配。

月桂

月桂晾干后味道很浓。
主要用于海鲜料理和肉食中，
能够防止食物腐烂，
制作调料和泡菜时经常使用。

荷兰芹

荷兰芹的叶子和花蕊中分泌一种油，
使得荷兰芹味道独特。
西方料理中常常加入荷兰芹，
很多时候也作为装饰使用。

迷迭香

迷迭香虽然有一些苦味，但很香。
晾干后常被加入到羊肉和猪肉料理中。

想象一下冰激凌不甜、咖喱不黄、
泡菜不辣会是什么样子?
香辛料虽然不像米和肉那样是我们身体运转所必不可少的,
但它却能够给食物提味,
给我们带来美食的享受!

哇，
这些都是加入了香辛料的食物吗？
好厉害！

大人们的偏爱食品——咖啡和红茶

偏爱食品是指那些虽然不是我们身体所必需的，
但却凭借自身独特的味道给人带来愉悦与享受的食品。
其中咖啡和红茶就是典型的大人们所偏爱的食品。
下面就来听一听咖啡和红茶的故事。

☕ 咖啡的故事

咖啡的原产地是非洲的埃塞俄比亚。
据说，是牧童在放牧的时候发现羊在吃了咖啡豆后变得很亢奋。
出于好奇心，牧童自己也吃了咖啡豆，随后亢奋不已。
这都是咖啡因的作用。
但是咖啡因会抑制长高，
所以小孩子不能喝咖啡。

咖啡是将咖啡豆炒制后，倒入热水泡制出来的。
南美和非洲的咖啡种植量最大。
但大部分都归属于其他国家的咖啡公司。
所以即便生产咖啡，这些国家依旧很贫穷。

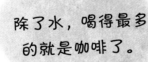

除了水，喝得最多
的就是咖啡了。

🫖 红茶的故事

红茶是将茶叶发酵后制作而成的茶。
历史上有很多场因为红茶而引起的战争。
在美国还归属英国统治的时候，
英国试图控制美国红茶的进口。
美国波士顿的市民们因此而与英国政府对抗。
间接导致了美国独立战争的爆发。

英国的红茶主要从中国进口。
随着英国人对红茶的喜爱程度越来越深，
人们花在红茶上的钱也越来越多。
随后英国便开始向中国贩卖鸦片，
鸦片是具有很强上瘾性的毒品。
发现鸦片动摇了国家后，中国开始禁烟。
英国以此为借口挑起了鸦片战争。

因为茶水泛着淡淡的红色，所以被称为"红茶"。

香辛料为什么都是最后才放？

给食物添加香味的香辛料，
大部分都要等到最后才能放入食物中。
其实除了香辛料之外，盐与糖也要按照顺序添加，
食物的味道才会好。
下面看一下这样做的理由吧。

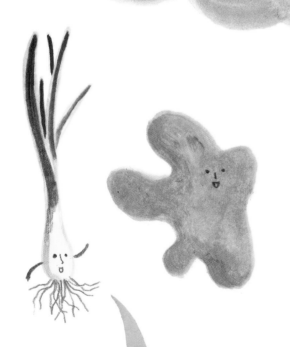

味道分子很容易挥发

大蒜、生姜等香辛料的味道分子
具有易挥发的特性。
所以如果过早加入食物中，
味道就很容易消失。

一定要买整粒的胡椒

香辛料磨碎后味道很容易挥发，
因此在购买胡椒的时候最好买整粒的。
需要的时候直接磨碎使用，
这样才能吃到最浓郁的味道。

糖要比盐先放

糖和盐放入食物中很快就会溶解。
盐的分子比糖小，所以更容易入味。
因此如果放入了盐，那食物就没办法吸收糖了。
所以糖要比盐先放。

图书在版编目（CIP）数据

魔幻香辛料 / (韩) 徐宝贤文；(韩) 申由美图；

李小晨译. -- 北京：中国农业出版社，2015.6

（餐桌上的科普）

ISBN 978-7-109-20363-1

Ⅰ. ①魔… Ⅱ. ①徐… ②申… ③李… Ⅲ. ①调味料

- 儿童读物 Ⅳ. ①TS264-49

中国版本图书馆CIP数据核字(2015)第073411号

특별한 맛, 향신료
글 서보현 그림 홍지혜 감수 한국음식문화전략연구원
Copyright © Yeowon Media Co., Ltd., 2011
This Simplified Chinese edition is published by arrangement with Yeowon
Media Co., Ltd., through The ChoiceMaker Korea Co.

北京市版权局著作权合同登记号：图字01-2014-6821号

中国农业出版社出版
（北京市朝阳区麦子店街18号楼）
（邮政编码100125）
责任编辑 程燕 吴丽婷

北京中科印刷有限公司印刷 新华书店北京发行所发行
2015年7月第1版 2015年7月北京第1次印刷

开本：787mm×1092mm 1/12 **印张**：3
字数：60千字
定价：19.00元
（凡本版图书出现印刷、装订错误，请向出版社发行部调换）